DE LA FÉCO

DANS

LES VÉGÉTAUX S

Coulommiers. — Typ. de A. Moussin.

DE

LA FÉCONDATION

DANS

LES VÉGÉTAUX SUPÉRIEURS

PAR

A. CLAVAUD

MEMBRE DE LA SOCIÉTÉ LINNÉENNE DE BORDEAUX

PARIS

LIBRAIRIE DE L. HACHETTE ET Cie

BOULEVARD SAINT-GERMAIN, N° 77

1867

LA FÉCONDATION

Messieurs,

Les merveilles les plus admirables sont souvent les moins connues, et les faits les plus dignes de notre attention sont précisément ceux qui s'entourent de plus de mystère. Cela est vrai spécialement de la fécondation végétale. Rien n'était plus intéressant que de saisir l'instant précis où la vie apparaît chez les plantes et d'assister à la formation d'un nouvel être, et rien n'a été plus difficile que d'y parvenir. Il a fallu près de deux siècles à la science moderne pour atteindre à ce résultat, qu'ont seuls rendu possible les perfectionnements ré-cents du microscope. C'est le fruit de ces longues recherches que je me propose de vous faire connaître sommairement. Je vous dirai comment les végétaux se reproduisent et par quelle variété presque infinie de moyens la fécondation des plantes demeure assurée contre les obstacles qui pourraient l'entraver.

I. — La Fleur.

Une fleur complète, comme celle qui est sous vos yeux (*fig.* 1), nous montre ses organes disposés, de la circonfé-rence au centre, suivant quatre cercles concen-triques. Le cercle le plus extérieur porte le nom de *calice* (*fig.* 1, cal.) Il est ordinaire-ment vert. Chacune de ses parties est un

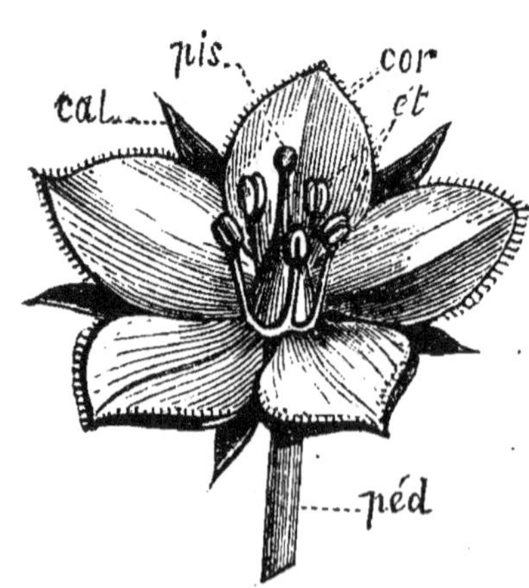

Fig. 1.

sépale. Le cercle qui vient ensuite est la *co-rolle* (*fig.* 1, cor.). Celle-ci est diversement colorée; c'est la partie brillante de la fleur. On a donné le nom de *pétales* aux diverses pièces libres ou soudées qui la composent. Ces deux cercles d'organes ont reçu le nom collectif *d'enveloppes florales*, parce que dans le bouton, ils enveloppent et protégent les parties plus centrales et plus importantes de la fleur.

Celles-ci sont de deux sortes: les *étamines* d'abord (*fig.* 1, ét.) puis, tout à fait au centre, l'or-gane qui a reçu le nom de *pistil* (*fig.* 1, pis. — *Fig.* 2), et qui est unique ou multiple, suivant les cas. Les étamines ou organes mâles sont consti-tuées par un support en forme de colonnette plus ou moins grêle, qu'on appelle le *filet*, et par un renflement terminal, par une sorte de poche qui a reçu le nom d'*anthère*. L'an-thère est la partie essentielle de l'étamine;

Fig. 2.

elle est creusée de cavités ou *loges* (*fig.* 3), qui renferment le *pollen* ou poussière fécon-

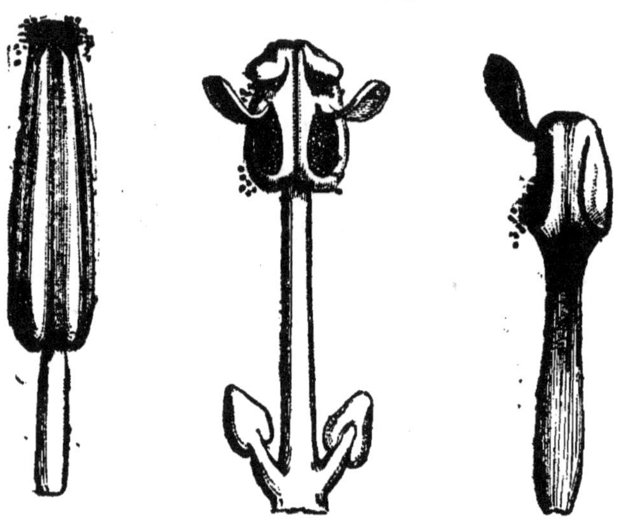

Fig. 3.

dante, ordinairement jaune, que tout le monde a remarquée au moins dans le Lis blanc de nos jardins. C'est cette même poussière qui couvre parfois nos rues et nos édifices d'une apparente pluie de soufre, lorsque le vent l'enlève aux Pins maritimes si communs autour de Bordeaux.

Le pistil ou corps central offre trois parties distinctes : le *style* (*fig.* 2, sti.) ou portion intermédiaire, ordinairement amincie en colonne; le *stigmate* (*fig.* 2, stig.), qui en est l'expansion supérieure, et l'*ovaire* ou renflement inférieur (*fig.* 2, o.) dont la cavité interne (*fig.* 4) renferme les jeunes semences. Celles-ci, qui portent le nom d'*ovules* (*fig.* 4, ov.) tant qu'elles n'ont pas été fécondées, ne deviennent propres à reproduire la plante qu'après la fécondation. Jusque-là, elles sont

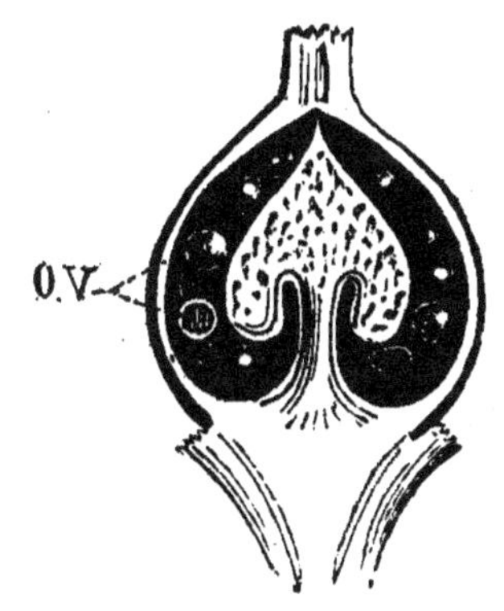

Fig. 4.

aussi parfaitement stériles que pourraient l'être le même nombre de grains de sable ou de gravier.

Lorsque la fécondation doit s'opérer, les loges de l'anthère s'entr'ouvrent, le pollen est projeté sur le stigmate et y demeure adhérent. Un tube infiniment délié sort de chaque grain de pollen, pénètre dans le stigmate, traverse dans toute sa longueur le style, qui offre souvent à cet effet un canalicule étroit, arrive dans la cavité de l'ovaire, où il se met en rapport avec les ovules, et détermine dans l'intérieur de ceux-ci, par son contact mystérieux, la formation de *l'embryon*, ébauche d'un nouveau végétal. A partir de ce moment, l'ovule fécondé devient une *graine* et l'ovaire un *fruit*.

Toutes les fleurs ne sont pas aussi complètes que celle que je vous ai montrée. Parfois le calice manque, ou la corolle, ou les deux enveloppes à la fois. Les étamines ou les pistils peuvent aussi faire défaut ; mais il est évident que toutes ces parties ne sauraient manquer en même temps.

Lorsqu'une fleur présente comme celle-ci des étamines et des pistils, on la dit *hermaphrodite* ; si elle n'offre que l'un ou l'autre de ces organes, c'est une fleur *unisexuée*, et alors on la dit *mâle* si elle n'a que des étamines ou organes mâles, et *femelle* si elle n'offre que des pistils ou organes femelles. Les fleurs mâles et les fleurs femelles peuvent se rencontrer sur un même individu végétal, ou, comme on dit, sur un même pied, et la plante est alors *monoïque*, comme dans le Chêne et le Noisetier ; ou bien les mâles sont sur un pied et les femelles sur un autre, comme dans le Houblon et le Chanvre, et, dans ce cas, on dit que la plante est *dioïque*. On appelle *polygames* les végétaux qui offrent à la fois des fleurs hermaphrodites et des fleurs unisexuées.

Je dois dire quelques mots du pollen, à cause de son extrême importance et des particularités de sa structure. Chaque grain est constitué par une mince enveloppe circonscrivant une cavité que remplit un liquide trouble et granuleux. Cette enveloppe est ordinairement double. La membrane interne est toujours lisse et unie ; l'externe, au contraire, offre des accidents de surface extrêmement variés (*fig.* 5) et, pour ainsi dire, infinis. Rarement sa surface est lisse ; plus souvent elle présente de fines ponctuations, des réticulations ou des papilles ; on y remarque aussi des plis, des mamelons ou des cannelures ; on y distingue enfin des pores, qui sont des amincissements de la membrane externe ou même de véritables trous. Ces pores peuvent être béants, comme dans le pollen de la Fumeterre ou du Blé, ou fermés d'une sorte de

couvercle ou d'*opercule*, comme dans celui
de la Courge et du Melon.

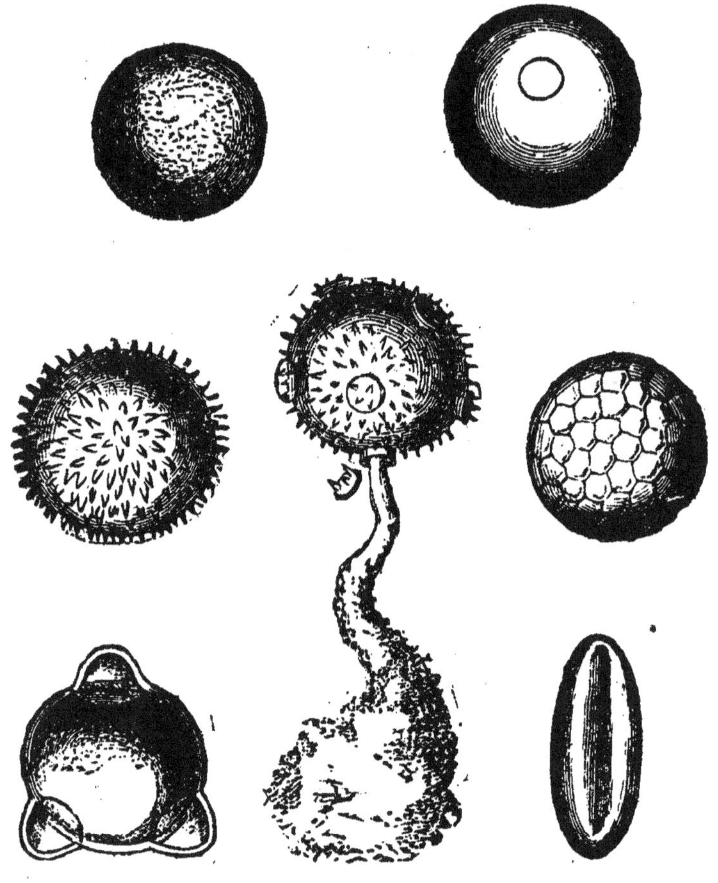

Fig. 5.

Chez les Orchis et les Asclépiades, les
grains de pollen sont agglutinés et comme
soudés par un liquide épanché entre eux,

et ils sont expulsés de chaque loge de l'anthère en une masse unique, qui a reçu le
nom de *pollinie* (*fig.* 6).

Une différence notable
se manifeste entre les
deux membranes de l'en-
veloppe lorsqu'on met le
pollen en présence des li-
quides. L'enveloppe ex-
térieure ne prend aucune
extension; quant à l'in-
terne, elle se comporte
différemment suivant que
le liquide est plus ou

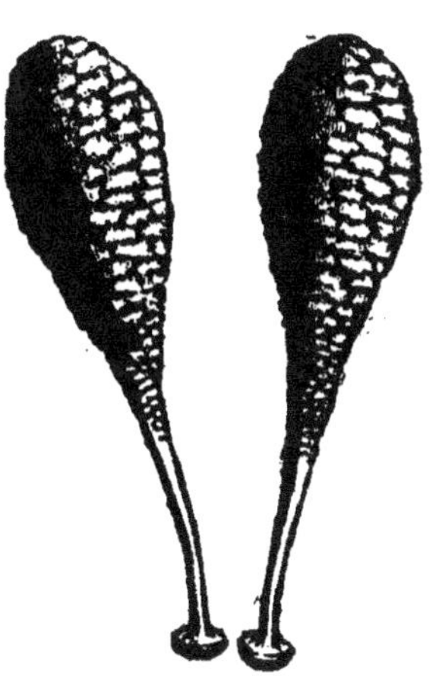

Fig. 6.

moins dense. Placée dans l'eau pure, elle
l'absorbe avidement par *endosmose* (1), se
gonfle, presse sur la membrane externe et
la rompt pour se porter au dehors; ou bien
elle fait saillie par l'orifice des pores, lorsqu'ils existent, et en fait sauter l'opercule;
mais elle-même ne tarde pas à crever, et
le liquide opaque et granuleux qui em-
plit la cavité du pollen se répand dans l'eau

(1) On a donné le sens de ce mot dans une précé-
dente conférence.

environnante (*fig.* 5. sur l'un des grains.)
Ce liquide porte le nom de *fovilla*. En présence de l'eau sucrée ou gommée, l'enve-

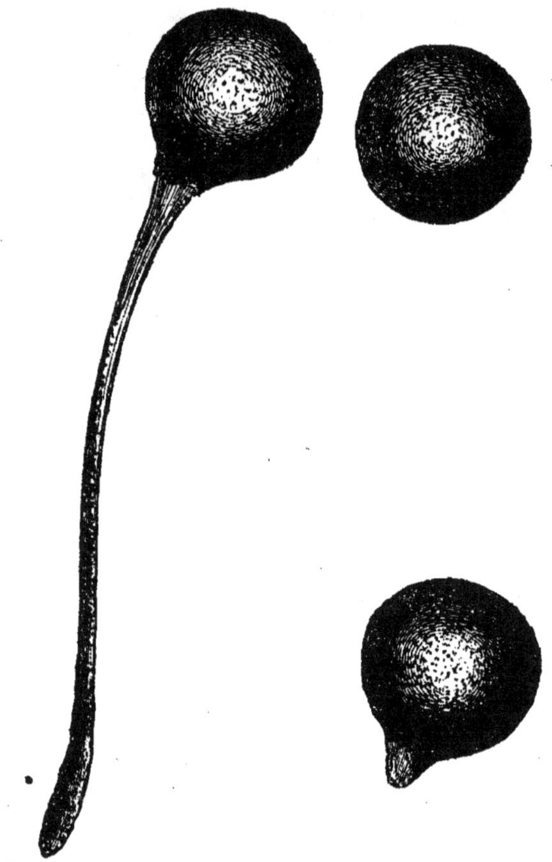

Fig. 7.

loppe interne s'allonge considérablement
sans crever ; elle affecte la forme d'un tube
très-délié (*fig.* 7), où l'on voit, avec un fort

grossissement du microscope, se mouvoir les granules de la fovilla. Ce tube est désigné sous le nom de *boyau pollinique*. C'est un tube semblable qui, lors de la fécondation, pénètre dans le pistil jusqu'aux ovules pour y déterminer la formation de l'embryon.

Le diamètre des grains de pollen varie entre 7 millièmes de millimètre et 2 dixièmes de millimètre ; l'épaisseur du tube oscille entre quatre et douze millièmes de millimètre. Vous concluerez de ces dimensions que ces petits organes sont généralement imperceptibles à l'œil nu et que leur étude exige impérieusement l'emploi du microscope.

Les ovules, enfermés dans la cavité de l'ovaire, y sont diversement insérés. Ils sont constitués par un corps central, le *nucelle* (*fig*. 8, n.), qui adhère par sa base d'attache à un double sac, dont il est étroitement

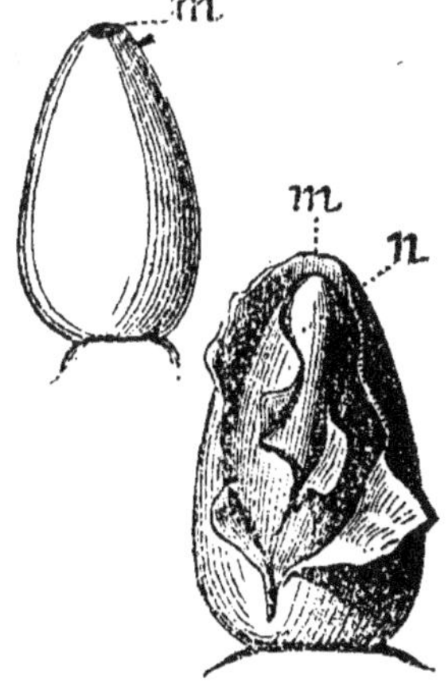

Fig. 8.

enveloppé (1). L'extrémité libre du sac est percée d'une très-petite ouverture, á laquelle on a donné le nom de *micropyle* (*fig.* 8, m.), et qui, traversant ce double tégument dans toute son épaisseur, établit un étroit passage entre la cavité de l'ovaire et le sommet du nucelle.

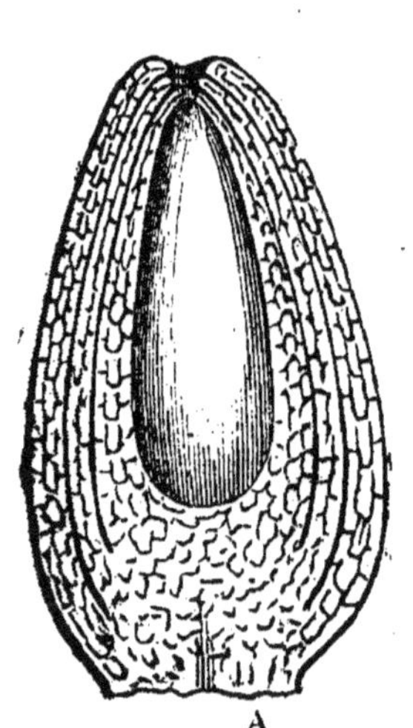

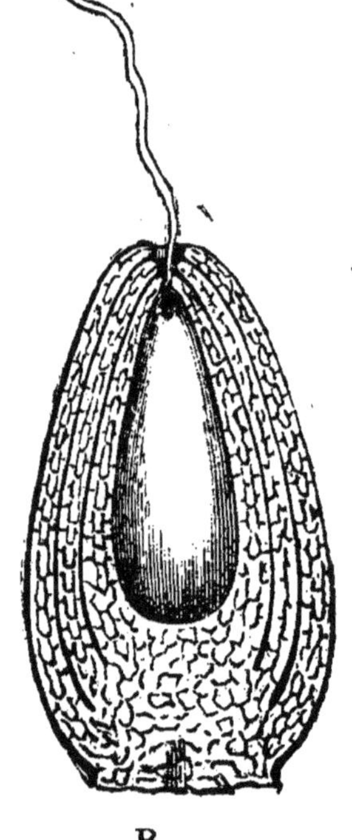

Fig. 9.

A

B

Le tissu de celui-ci est d'abord plein et partout homogène; plus tard il se creuse d'une cavité qui absorbe presque toute sa substance (*fig.* 9). Cette cavité, qui est pourvue d'une paroi propre, extrêmement

(1) L'enveloppe peut être simple et elle peut man-

mince et plus ou moins adhérente au nucelle, est le *sac embryonnaire*. C'est dans
son sein que se développera l'embryon, but
et terme de tout cet organisme. A cette
époque, le sac embryonnaire est plein d'un
liquide organisable qui doit donner naissance à des formations ultérieures dont il
sera question plus loin.

II. — La Fécondation.

Les anciens ont soupçonné l'existence
des sexes chez les végétaux. Nous savons
par Hérodote que les Babyloniens distinguaient déjà les Dattiers mâles des Dattiers
femelles, et qu'ils pratiquaient sur ces arbres une sorte de fécondation artificielle.
Théophraste et Pline ont parlé de la sexualité végétale, et plusieurs poètes de l'anti-
quité ont chanté les amours des plantes.

Le moyen âge n'ajouta rien à ces notions,
qui demeurèrent vagues et confuses jusqu'au
quer; mais on n'a pu indiquer ici que les lignes générales, et l'on a dû négliger les détails, même im-
portants.

moment ou Camérarius (1) s'avisa de recourir à la méthode expérimentale, qui est la vraie méthode scientifique. Ce botaniste établit, par des expériences bien faites, la sexualité des végétaux et le rôle des étamines et du pistil. Il distingua nettement les fleurs hermaphrodites des fleurs unisexuées, et prouva que le fruit ne se développe pas sur une plante dont on a enlevé les étamines, ni sur un pied femelle séparé des pieds mâles de son espèce.

Sébastien Vaillant donna plus de précision encore à cette théorie, qui fut dès lors généralement admise, malgré quelques protestations isolées. En 1737, Linné la rendit populaire en la prenant pour base de son fameux système de classification.

Le pollen étant reconnu comme la poussière fécondante, on s'attacha à découvrir son mode d'action sur le pistil et sur les ovules. On crut d'abord que les grains de pollen, pénétrant dans le canal du style, arrivaient par cette voie jusque dans la cavité de l'ovaire, y rencontraient les

(1) Lettre à Valentini, 1694.

ovules et se logeaient dans leur intérieur, pour s'y développer en embryon. On s'aperçut bientôt que ce canal est trop étroit pour donner passage aux grains de pollen et que d'ailleurs il n'existe pas toujours; et l'on admit une sorte d'émanation subtile qui, sortant du pollen après la chute de celui-ci sur le stigmate, agissait sur l'ovule mystérieusement et à distance. « Les trompes (les styles), dit Sébastien Vaillant, transmettent aux petits œufs non pas les grains de poussière même, mais seulement la vapeur ou l'esprit volatil, qui, se dégageant des grains de poussière, va féconder les œufs. » La découverte de la fovilla modifia encore une fois les idées. On pensa que ce liquide, absorbé par le stigmate, se rendait aux ovules pour les féconder; et l'on admit à cet effet l'existence de conduits spéciaux que l'on appelait *cordons pistillaires*. Enfin, la question entra dans une phase nouvelle, grâce aux travaux d'Amici et de M. Brongniart.

En 1822, Amici, célèbre opticien de Modène, faisant des recherches microscopiques sur la circulation dans les plantes, vit un grain de pollen tombé sur le stigmate velu du Pourpier, émettre de son intérieur une sorte de tube très-fin, transparent, qui descendit le long d'une papille stigmatique et s'y attacha dans toute sa longueur. Ce tube, qui n'était autre que le boyau pollinique, se montra plein d'un liquide trouble et épais, où vous reconnaîtrez sans peine la fovilla, et dans lequel des granules très-petits se livraient à un mouvement circulatoire continu, sortant sans cesse du grain et y rentrant de nouveau après avoir couru le long des parois du tube. Cette dernière particularité attira spécialement l'attention d'Amici parce qu'elle se rapportait davantage à l'objet présent de ses études, et il ne devina pas l'importance de sa découverte ni la signification de ce tube singulier que le hasard lui avait montré.

Ce fait isolé fut un trait de lumière pour un éminent botaniste français, M. Brongniart. A la suite de recherches considérables sur la fécondation, il fit voir, en 1826, qu'au contact du stigmate tous les grains de pollen développent le tube observé par Amici, et que ce tube n'est qu'une hernie de la membrane pollinique interne. L'émission en est déterminée par la présence d'une liqueur visqueuse et sucrée qui enduit le stigmate et est sécrétée par lui. Cette liqueur est parfois très-abondante : je l'ai vue former de grosses gouttes sur le stigmate de nos Gouets indigènes, au moment de la fécondation, et plusieurs Lis sont signalés comme remarquables sous ce rapport. Le tube après avoir rampé le long des papilles ou aspérités du stigmate, comme l'avait vu Amici, pénètre dans la substance de cet organe, se glisse entre les cellules ou éléments anatomiques qui le constituent et parvient jusque dans le style, où M. Brongniart l'a vu s'avancer assez loin. Malheureusement ce botaniste ne put le suivre jusqu'au terme de sa course, et il admit qu'à une certaine profondeur son extrémité s'ouvrait au milieu des tissus du style et y versait la fovilla. Celle-ci devait se rendre jusqu'aux ovules à travers les interstices de ces mêmes tissus.

M. Brongniart compare ingénieusement
le stigmate couvert de pollen à une pelotte
garnie d'épingles qui seraient enfoncées

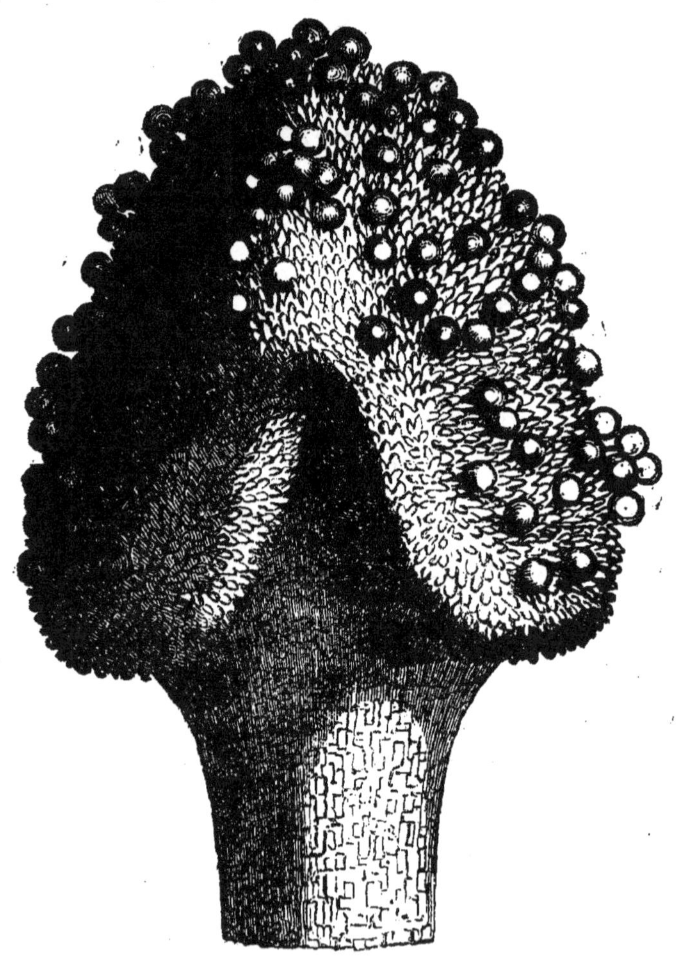

Fig. 10.

jusqu'à la tête dans son épaisseur. Je place
sous vos yeux une figure très-grossie d'un

stigmate de Datura ainsi saupoudré (*fig.*
10), et j'y joins, d'après le mémoire de

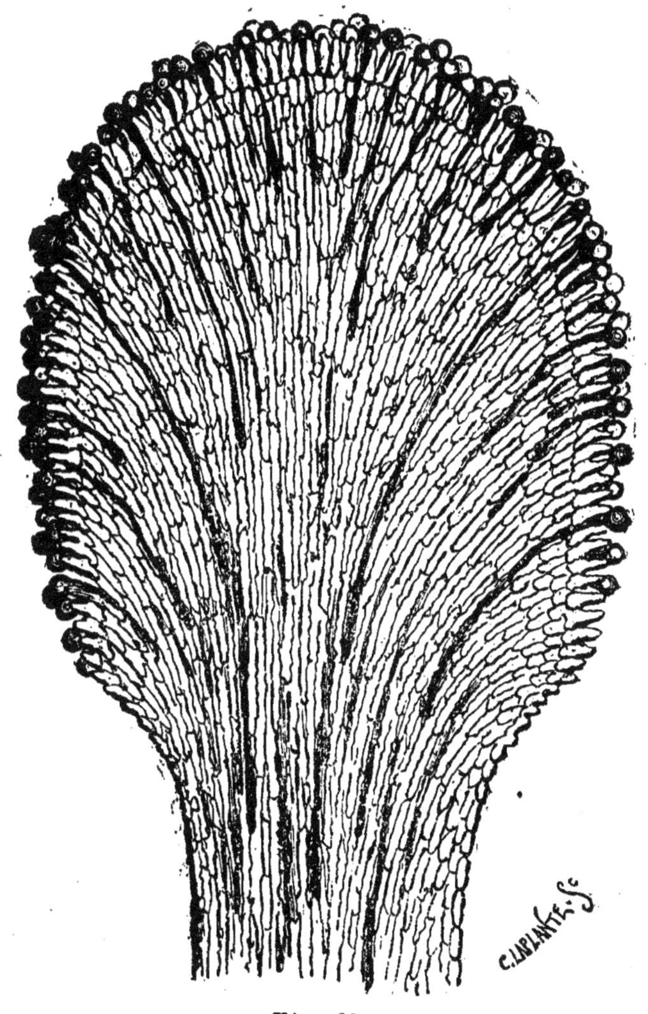

Fig. 11.

M. Brongniart, la coupe verticale de ce

même stigmate, où des tubes polliniques s'enfoncent à diverses profondeurs (*fig*. 11). Vous vous rendrez ainsi facilement compte des faits que je viens d'exposer.

En 1830, Amici annonça qu'il avait suivi le tube pollinique jusqu'aux ovules, et qu'il l'avait vu pénétrer dans leur intérieur. C'est en effet ce qui arrive, et jamais le tube n'éclate en chemin comme l'avait pensé M. Brongniart. Après avoir traversé dans toute leur longueur le stigmate et le style, (*fig*. 12, page 25) il atteint la cavité de l'ovaire, parvient jusqu'aux ovules et pénètre dans l'étroite ouverture des téguments (*fig*. 9 B), que nous avons appelée micropyle. Là il rencontre le sommet du nucelle, qu'il traverse en s'insinuant entre ses éléments (*fig*. 13) ;

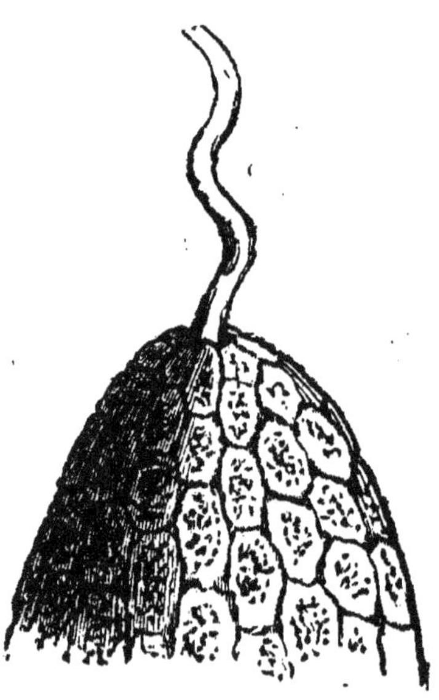

Fig. 13.

enfin il vient fixer son extrémité contre la

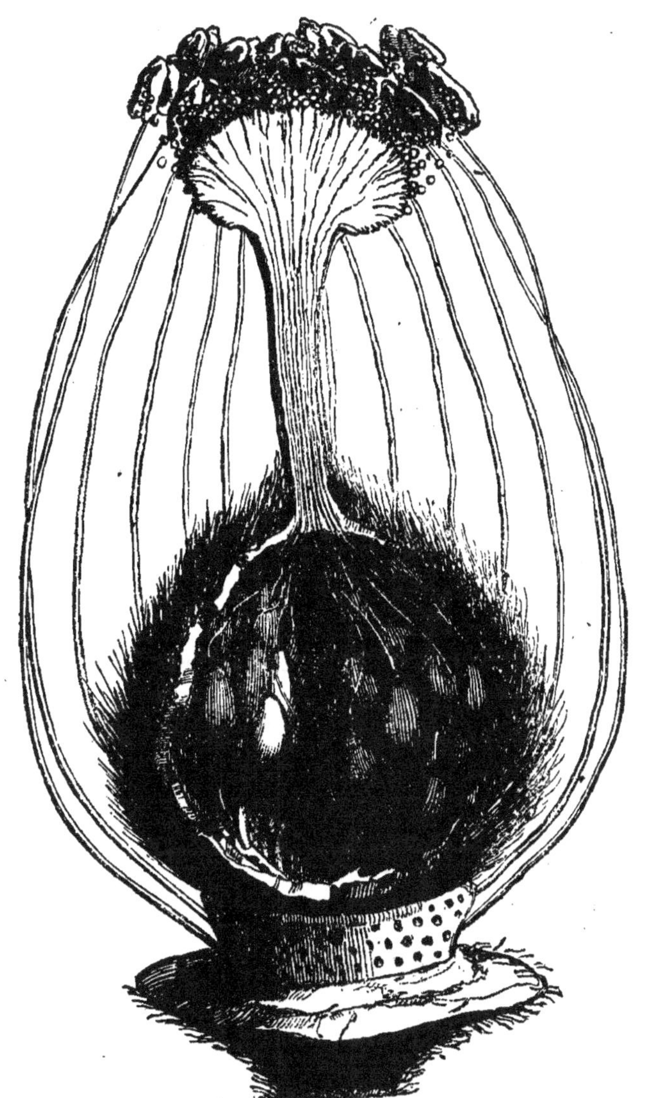

Fig. 12.

mince paroi du sac embryonnaire (*fig.* 14).

A cette époque le liquide organisable que nous avons vu remplir la cavité du sac, a donné naissance à diverses formations, et notamment à des vésicules extrêmement délicates, qui s'attachent à la paroi en un point voisin du micropyle. On les appelle *vésicules embryonnaires* parce que l'une d'elles deviendra l'embryon. Le tube pollinique se met en rapport avec une de ces vésicules (*fig.* 14); toutefois il en reste séparé par la membrane du sac em-

Fig. 14.

bryonnaire, qu'il ne traverse pas. Que se passe-t-il alors? C'est ce que nul ne pourrait dire et ce qu'on ignorera peut-être toujours. Il y a sans doute mélange de la fovilla que renferme le tube avec le contenu liquide des vésicules, et ce mélange se produit en vertu de la force *d'osmose* dont on vous a entretenus récemment ; mais c'est tout ce que nous pouvons conjecturer à cet égard.

Ce qu'il y a de certain, c'est que l'une des vésicules ne tarde pas à s'allonger et à multiplier les éléments qui la constituent (*fig.* 15). Dès lors la fécondation est terminée,

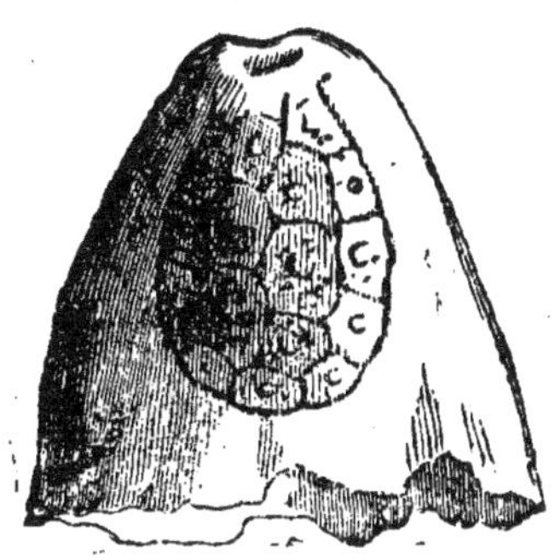

Fig. 15.

l'embryon a pris naissance, et une nouvelle plante s'éveille et commence à vivre dans le sein de la graine et du fruit encore attachés au rameau.

Une opinion qui a compté d'habiles et nombreux adhérents de 1836 à 1856, consistait à regarder l'embryon comme formé par le grain de pollen lui-même. L'extrémité du tube se logeait dans le sac embryonnaire qu'elle refoulait devant elle ou dont elle perçait la paroi, et elle y devenait l'embryon. Cette théorie, qui renversait entièrement le rapport des sexes, est due surtout au botaniste allemand Schleiden. On sait depuis longtemps qu'elle reposait sur des observations imparfaites, et son dernier partisan l'a répudiée hautement en 1856.

La faculté d'allongement du tube pollinique est extrêmement remarquable; et on doit admettre qu'elle résulte d'une véritable germination, le tube puisant dans les tissus qu'il traverse les éléments de sa nutrition. Dans la Digitale pourprée, cette élongation, à son maximum, est environ de 33 millimètres, d'où il suit que le tube atteint en longueur plus de onze cents fois le diamètre du grain d'où il est sorti. Dans le Colchique, l'extension est bien plus considérable encore, puisque elle atteint de quinze à dix-huit centimètres. Ici la longueur du tube égale cinq ou six mille fois le diamètre du grain de pollen.

Le temps que met le tube pollinique pour parvenir du stigmate au contact des vésicules varie extrêmement. Chez les Gramens de nos prairies, ce temps est de 5 à 7 heures; il est de 12 heures dans la Zostère marine, dont les longs et étroits rubans ont frappé vos yeux sur la plage d'Arcachon.

Une plante de nos étangs, la Naïade majeure, exige pour ce trajet un jour entier. Il faut deux jours dans l'Orchis bouffon; il en faut trois dans le Glaïeul des moissons, et cinq dans l'Arum ou Pied-de-veau. Chez le Citronnier et l'Oranger, la fécondation n'a lieu qu'un mois après la chute du style. Celui-ci emporte en se détachant la partie supérieure du tube pollinique, qui est alors vide et morte, tandis que sa portion inférieure, où s'est ramassée la fovilla, demeure fraîche et vivante. Dans le Noisetier, l'émission du pollen a lieu dès le mois de février, et la fécondation proprement dite ne s'opère qu'au mois de juin. Chez le Colchique, le tube se forme en septembre et la fécondation n'est définitive qu'à la fin de l'hiver. J'ai remarqué que dans cette plante la marche du tube est d'abord assez rapide et qu'elle ne se ralentit extrêmement qu'en approchant du but. Enfin, dans les Conifères ou arbres verts, tels que nos Pins et nos Genévriers, il s'écoule souvent plus d'un an entre la chute du pollen sur le sommet libre du nucelle et le contact du tube avec les corpuscules embryonnaires. Voici un rameau du Pin de nos landes. Ces petits cônes que vous apercevez sont des assemblages de fleurs femelles. Celles-ci ont reçu la poussière pollinique au mois de mai dernier, et, à l'heure où je parle (23 mars), la fécondation n'est pas encore opérée et ne le sera pas de quelque temps. Cependant, la distance à parcourir ici par le tube ne dépasse pas deux ou trois dixièmes de millimètre.

Aux approches de la fécondation la température des fleurs est soumise à des paroxysmes périodiques qui sont évidemment en rapport avec cette fonction. Ce curieux phénomène, qui a été observé sur un grand nombre de végétaux et qui est certainement un fait général, se laisse facilement étudier chez les Aroïdées. On appelle ainsi les plantes dont le type est notre Gouet indigène ou Pied-de-veau. Cette plante, qui croît communément dans les haies et les lieux ombragés, a certainement frappé votre attention. En voici d'ailleurs un exemplaire vivant que je place sous vos yeux. Ses feuilles, d'un vert sombre et luisant, veinées et tachetées, sont en fer de flèche. Le groupe des fleurs y est enveloppé d'une sorte de feuille modifiée, d'un vert pâle et blanchâtre, qui s'enroule en cornet ouvert à la partie supérieure. Si on enlève cette *spathe*, on découvre l'axe floral, chargé à sa base des ovaires des fleurs femelles, entouré plus haut d'un anneau de fleurs mâles, et terminé par une prolongement en forme de massue jaunâtre et veloutée, qui est d'un pourpre violacé dans une forme voisine. Plus tard la partie supérieure de cet ensemble se détruit; les fruits persistent seuls à la partie inférieure et attirent de loin le regard par leur couleur d'un rouge éclatant.

Un physiologiste célèbre, Dutrochet, a constaté dans ces plantes, pendant la floraison, deux accès d'une sorte de fièvre quotidienne. Le premier jour la spathe s'entr'ouvre, et la massue terminale, qui n'est autre qu'un amas de fleurs mâles avortées, révèle un accroissement considérable de chaleur. Le deuxième jour l'augmentation de température, changeant de siége, se manifeste spécialement dans les étamines, et intéresse dans une certaine mesure les fleurs femelles situées au-dessous. Cette augmentation de chaleur est due à une absorption considérable d'oxygène par les organes qu'elle affecte, et l'on a reconnu que la chaleur développée est en raison de l'oxygène absorbé. On constate facilement qu'il se brûle alors une grande quantité de matériaux organiques. Si avant l'ouverture des anthères on observe au microscope le tissu de la massue terminale, on le voit entièrement gorgé d'une fécule extrêmement abondante. Peu après l'émission du pollen, on cherche vainement cette fécule : elle a entièrement disparu pour fournir un aliment à l'activité des organes sexuels.

Je dois dire quelques mots de l'évolution embryonnaire qui succède à la fécondation.

Cette masse informe et homogène qui résulte de la division d'une vésicule primitive (*fig.* 15.) ne tarde pas à s'organiser et à préciser ses contours. Un mamelon ou deux apparaissent à son extrémité libre : ce sont les *cotylédons* ou feuilles primordiales de la plante, qui diffèrent sensiblement des autres feuilles et jouent un rôle particulier. Entre les cotylédons ou à la base du cotylédon unique, un autre mamelon se produit, qui se développera par la germination en un bourgeon feuillé, et qui a reçu pour cette raison le nom de *gemmule* (1). Ce premier bourgeon représente la partie aérienne du végétal. Une saillie qui se dessine à l'extrémité opposée de l'embryon, au point où il s'attache au sac embryonnaire, devient la *radicule* ou racine naissante. Dès lors la plante tout entière est constituée, et ses évolutions ultérieures ne feront que développer ces organes fondamentaux.

Vous reconnaîtrez toutes ces parties dans la graine du Haricot telle qu'on la vend pour nos tables. Enlevez, au moyen d'une courte macération dans l'eau, l'enveloppe ou *épisperme* de cette graine. Vous apercevrez un corps charnu et réniforme que vous diviserez facilement en deux moitiés, qui resteront attachées par la base. Ces deux parties, qui

(1) Du latin *gemmula*, petit bourgeon.

étaient accolées par leurs faces planes, mais non sondées, sont les cotylédons. Entre ceux-ci et à leur point d'attache, vous distinguerez la gemmule, beaucoup plus petite qu'eux, et ses menues feuilles rudimentaires. Au-dessous de la gemmule et en dehors des cotylédons, la radicule vous apparaîtra comme un mince cylindre recourbé, à extrémité effilée.

Par la germination, ces diverses parties grandissent et se développent (*fig* 16 et 17.)

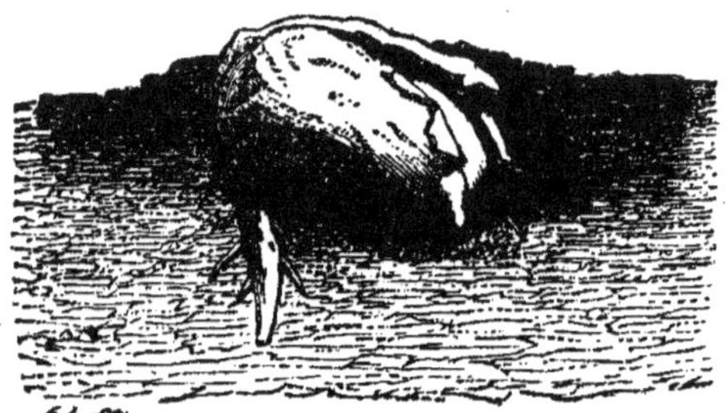

Fig. 16.

La gemmule accrue se fait jour hors des cotylédons; la radicule s'allonge, se ramifie et puise dans le sol les sucs nutritifs. Mais

les cotylédons ne participent pas à cet accroissement; leur rôle se borne à fournir sa
nourriture à la jeune plante tant que la racine

Fig. 17.

naissante ne peut la puiser elle-même dans
le sol. A cet effet, ils sont gonflés de fécule,
qui se transforme en sucre par l'acte de la ger

mination, et ce sucre, dissous dans la séve, est distribué aux divers organes. Chez beaucoup de plantes, la fécule nourricière est fournie par un tissu particulier qui accompagne l'embryon et dont je n'ai pas cru devoir vous parler.

Je place sous vos yeux un très-jeune pied vivant de Haricot. Vous trouverez ici la racine accrue et ramifiée, les cotylédons encore persistants, et la gemmule, dont l'axe s'est allongé et dont les deux premières feuilles se sont complétement développées.

On appelle *Monocotylédones* (1) les plantes dont l'embryon offre un cotylédon unique, et *Dicotylédones* (2) celles où il y a deux cotylédons. Voici une Monocotylédone et voici une Dicotylédone. Ces deux classes de plantes sont grandement dissemblables par leur structure et par leur port. Elles constituent deux provinces séparées de l'empire végétal; et telle est l'importance de cette différence initiale dans le nombre de leurs cotylédons,

(1) Ex : Palmier, Bananier, Balisier, Roseau, Jacinthe, etc.
(2) Ex. : Chêne, Ormeau, Acacia, Fenouil, Thym, etc.

que toutes leurs parties en portent la trace, et
qu'elles se montrent à l'œil le moins exercé
comme appartenant à deux types profondément distincts.

III. — Concordances et Antagonismes.

Chaque classe particulière de phénomènes
a ses lois spéciales, et si cette classe était
unique, les lois qui la régissent étant seules
ne seraient jamais troublées dans leur fonc-
tionnement; leurs résultats seraient assurés
d'avance avec une certitude mathématique.
Mais il n'en est point ainsi : la variété des
phénomènes est infinie et les lois auxquelles
ils obéissent sont innombrables. Bien que
ces lois soient reliées entre elles par d'autres
lois plus générales auxquelles commande
une loi supérieure, et que l'harmonie universelle soit ainsi définitivement assurée, le
jeu entrecroisé des forces tend sans cesse à
déranger l'équilibre établi, et l'on peut dire
qu'il n'est pas une seule des fonctions de la
vie qui n'ait à lutter incessamment contre

des obstacles nombreux et des causes permanentes de destruction.

Le remède est dans l'énergie propre des êtres et des choses, dans leur force de développement et d'expansion, qui, opprimée sur un point, déborde latéralement partout où la résistance est plus faible, et arrive à son épanouissement en tournant l'obstacle qu'elle n'a pu renverser.

Mais l'action des forces étrangères n'est pas toujours nuisible; elle peut être une aide aussi bien qu'un obstacle. Il y a des forces concordantes comme il y a des forces antagonistes. Un tel concours peut même aller fort loin et prendre dans certains cas l'apparence d'une assistance providentielle, ingénieuse et réfléchie.

D'un autre côté, nous savons que les divers organes qui concourent à une fonction lui sont toujours subordonnés. Il en résulte qu'ils sont normalement disposés de la façon la plus favorable à l'activité de cette fonction, et qu'ils varient leurs conditions de rapport et d'adaptation suivant les milieux et les circonstances où elle doit évoluer.

Nous pouvons donc considérer trois choses relativement à la fécondation végétale et en dehors de son essence : l'action des puissances antagonistes, l'action des forces auxiliaires, et la tendance des organes à modifier leurs rapports suivant les modes de la fonction.

Je commencerai par ce dernier point.

Vous savez que le calice et la corolle protégent les organes sexuels avant l'épanouissement, c'est-à-dire au moment où l'extrême jeunesse de ces organes rend cette protection particulièrement nécessaire. Mais là ne se borne pas l'action des enveloppes florales. On voit certaines plantes fermer leur corolle aux approches de la nuit et de l'humidité qui l'accompagne. D'autres fleurs courbent le soir leur support de façon que leur sommet ouvert se renverse et regarde la terre. La Balsamine cache ses fleurs sous ses feuilles. Un grand nombre de plantes appartenant spécialement à la famille des Labiées et à celle des Scrophulaires : les Mufliers, les Linaires, les Rhinanthes, les Sauges, les Lamiers, les Épiaires, les Agripaumes, beaucoup d'autres encore, ont leurs étamines et leurs pistils recouverts d'un dôme protecteur constitué par la lèvre supérieure de la corolle. Dans l'Aconit (*fig.* 18), le sépale supérieur du calice coloré est dressé, concave, courbé en forme de casque, et il recouvre à la fois la corolle et les organes repro- u cteurs.

Plusieurs espèces de Violettes, l'Oxalide oseille, la Balsamine sauvage, certaines Légumineuses offrent parfois avec leurs

Fig. 18.

fleurs normales de petites fleurs imparfaites dont la corolle rudimentaire étroitement fermée emprisonne les étamines et les pistils dans un espace hermétiquement clos. Or ce sont précisément ces fleurs de si pauvre apparence qui se font remarquer par leur constante fertilité. Cela tient à ce que la fécondation y est préservée de toute influence extérieure. A la vérité les anthères ne renferment qu'un très-petit nombre de grains de pollen, mais chacun de ceux-ci est assuré de féconder un ovule. On a reconnu qu'ils émettent du sein de l'anthère même leur tube pollinique, qui descend en rampant jusqu'à la base du filet et remonte le long du pistil jusqu'au stigmate. Ces tubes avec leur blancheur nacrée simulent dans leur ensemble un écheveau de fils déliés qui fixerait ses extrémités d'une part au stigmate et de l'autre à l'anthère.

Vous connaissez presque tous la Serpentaire attrape-mouche, avec ses tiges tachetées, ses feuilles découpées, sa longue spathe en cornet verdâtre d'un pourpre noir à l'intérieur. Vous avez été repoussés par l'odeur infecte et cadavéreuse que ses fleurs exhalent à l'époque de la fécondation. Cette odeur si répugnante pour vous attire un grand nombre d'insectes amateurs de pourriture, qui y volent comme à un festin. Ils s'introduisent dans la partie close du cornet, croyant y trouver une proie en putréfaction; et, lorsque détrompés, ils veulent en sortir, les longs poils violets qui obstruent l'ouverture les enlacent et les retiennent prisonniers. Mais alors leurs mouvements désordonnés, leur agitation en tous sens, leurs courses folles projettent abondamment sur les stigmates humides les nuages du pollen violemment agité.

Parfois l'enveloppe florale concourt à la fécondation par les mouvements qu'elle effectue. Dans l'Hémérocalle fauve, la fécondation n'a lieu qu'au moment où le périanthe flétri rapproche ses parties de manière à envelopper étroitement les étamines et le stigmate. Chez certaines espèces de Luzernes, les pétales inférieurs, fixés au supérieur par des saillies en forme de crochet, se détachent au moment opportun, ce qui détermine la chute du pollen. .

Vous remarquerez que d'ordinaire la fleur est dressée ou penchée suivant que les étamines sont plus longues ou plus courtes que le pistil. Il résulte de cette disposition que l'anthère domine dans les deux cas le stigmate, et que celui-ci ne peut manquer de recevoir le pollen, au-dessus duquel il est placé. Vous savez que toutes les espèces de Fuchsias ont leurs fleurs pendantes et renversées. Si vous considérez que dans ces plantes, le style dépasse longuement les étamines et porte le stigmate à une très-grande distance des anthères, vous en concluerez que la fécondation eût été bien moins assurée dans le cas où le Fuchsia aurait dressé ses fleurs vers le ciel.

Chez les plantes monoïques, les fleurs mâles sont situées le plus souvent au-dessus des fleurs femelles. C'est là une règle générale, bien qu'elle souffre des exceptions. Il en résulte, comme dans le cas précédent, que la chute du pollen sur le stigmate est déterminée par les lois mêmes de la pesanteur.

Je ne puis passer sous silence les mouvements si remarquables des étamines. Quelques fleurs sont célèbres à cet égard. Je citerai seulement la Parnassie, la Rue, l'Épine-vinette et le Mahonia. Cette dernière plante est commune dans nos jardins. Touchez légèrement la base interne d'une étamine avec un corps quelconque, vous verrez immédiatement cette étamine se courber comme poussée par un ressort in-

térieur, et s'abattre vivement sur le stigmate. Cette curieuse irritabilité détermine
la fécondation de la fleur chaque fois qu'un
insecte en s'y posant presse de son poids
sur le filet d'une étamine.

Les organes femelles effectuent aussi des
mouvements en divers sens. Les Nigelles
et les Passiflores courbent lentement jusqu'au niveau des anthères leurs styles d'a-
bord dressés. Le contraire se produit chez
d'autres plantes où l'on voit le style d'a-
bord infléchi se relever peu à peu aux approches de la fécondation.

L'action des agents extérieurs sur la fécondation végétale est extrêmement considérable; et parmi ces agents le premier
rôle appartient aux insectes, dont l'intervention semble être indispensable dans
beaucoup de cas. « La visite des Papillons,
« dit M. Darwin, est absolument néces-
« saire à beaucoup de nos Orchidées pour
« mouvoir leurs masses polliniques et les
« féconder. Des expériences constatent que
« les Bourdons sont presque indispensables
« à la fécondation de la Pensée, car les

« autres Abeilles ne les visitent pas. J'ai
« aussi découvert que les visites des Abeilles
« sont nécessaires pour fertiliser quelques
« espèces de Trèfle, par exemple, 20 têtes de
« Trèfle hollandais donnèrent 2,250 graines
« tandis que 20 autres têtes protégées contre
« les Abeilles n'en donnèrent pas une. De
« même 100 têtes de Trèfle rouge produisi-
« rent 2,700 graines, mais le même nombre
« de têtes protégées n'en produisirent au-
« cune. »

Dès le xiiie siècle, Conrad Sprengel avait
reconnu l'importance du rôle des insectes
dans la fécondation. Couché au pied des
fleurs, dans la campagne, pendant les
jours d'été, il épiait en silence les mouvements des insectes, et les voyait transporter
à leur insu le pollen sur l'organe femelle
tout en puisant le nectar de la fleur.

Les observations de M. Darwin ont ajouté
aux découvertes de Sprengel des faits extrêmement curieux, notamment en ce qui
concerne les Orchidées. Le savant Anglais a
surpris maintes fois des Abeilles emportant
des masses polliniques attachées à leur

trompe. Il a vu dans nos prairies le nombre des fleurs dont les pollinies sont ainsi enlevées être au moins le double de celui des fleurs demeurées intactes. Il a reconnu que l'éperon floral des Orchis est constitué par deux tuniques que sépare un espace assez large où s'accumule le nectar, et que la tunique interne, extrêmement délicate, peut être aisément perforée par la trompe des Abeilles. On voit ce qui se produit alors : pendant que l'insecte s'agite pour percer cette membrane et puiser les sucs qu'elle recouvre, les pollinies détachées par ses mouvements se fixent à quelque partie de son corps et sont transportées par lui sur le stigmate d'une fleur voisine qu'elles fécondent. M. Darwin a constaté que les fleurs dont l'éperon est détruit ou endommagé restent constamment stériles, parce que le nectar y fait défaut et qu'elles ne reçoivent pas la visite des insectes.

Dans nos serres les Orchidées exotiques ne fructifient point si on ne pratique pas sur elles la fécondation artificielle, et ce fait, qui est connu de tout le monde, vient à l'appui des révélations de M. Darwin.

Un botaniste allemand a signalé le curieux mécanisme de la fécondation dans les Sauges. L'anthère y est presque enfermée dans la lèvre supérieure de la corolle, qui est en forme de capuchon, ce qui met jusqu'à un certain point obstacle à la chute normale du pollen sur le stigmate. L'action des insectes remédie à cet inconvénient. Les deux curieuses étamines des Sauges ferment l'entrée de la corolle par les extrémités réunies de leurs branches inférieures. Quand les Bourdons veulent s'introduire dans le tube, ils pressent sur cette sorte de soupape, qui recule : il en résulte un mouvement de bascule qui dégage l'anthère et répand le pollen sur le dos de l'insecte. Lorsque celui-ci vole vers d'autres fleurs, il les féconde en y pénétrant.

Les vents semblent jouer un rôle important dans la fécondation, bien que leur action ne puisse être comparée à celle des insectes. On connaît l'histoire de ce Dattier femelle, cultivé à Otrante, dont les fleurs demeurèrent stériles jusqu'au moment où un pied mâle situé à Brindes put élever sa cime au-dessus des arbres voisins. Le transport du pollen, empêché jusqu'alors, devint ainsi possible, et les vents portèrent à trente milles de distance la poussière fécondante. Un fait semblable a été observé à Paris sur des Pistachiers.

Le vent peut agir sur les fleurs hermaphrodites en agitant leur appareil floral. Chez le Haricot, le pistil et les étamines sont enveloppés par les deux pétales inférieurs soudés et tordus en hélice; mais le style, plus long que les étamines, vient fermer l'ouverture que laissent en se tordant les deux côtés de cette gaîne, ou même il fait saillie au dehors. Dans cette position la fécondation de la fleur serait très-difficile ou même impossible sans les mouvements imprimés par le vent aux enveloppes florales. Lorsque les pétales latéraux se rapprochent du pétale supérieur, le style rentre assez profondément pour que le stigmate se couvre de grains de pollen. Le mouvement contraire fait saillir le style ainsi saupoudré, et le pollen peut être transporté sur une autre fleur par le vent ou par les insectes, ce qui rend possible les fécondations croisées.

Bien que le vent et les insectes suffisent toujours pour assurer la fécondation des végétaux dioïques, au point de vue de la conservation de l'espèce, on ne s'en remet pas à eux du soin de féconder les Dattiers, dans les pays où cet arbre constitue la principale ressource alimentaire des habitants. Il est certain que les Dattiers laissés à eux-mêmes ne sont en général fécondés que d'une manière imparfaite. Les fruits sont d'ordinaire plus ou moins irréguliers, souvent dépourvus de noyau, et de si mauvaise qualité qu'on les abandonne pour la plupart aux animaux domestiques. Pour parer à cet inconvénient, on a recours à la fécondation artificielle. M. Cosson, qui a observé en Algérie la culture du Dattier, a décrit de la manière suivante les procédés employés :

« C'est vers le mois d'avril que le Dattier
« commence à fleurir et qu'on pratique la
« fécondation artificielle. Les spathes mâles
« sont fendues au moment où l'espèce de
« crépitation qu'elles produisent sous le doigt

« indique que le pollen des fleurs de la
« grappe est suffisamment développé, sans
« toutefois s'être échappé des anthères; la
« grappe est ensuite divisée par fragments
« portant chacun sept ou huit fleurs. Après
« avoir placé les fragments dans le capuchon
« de son burnous, l'ouvrier grimpe avec une
« agilité merveilleuse jusqu'au sommet de
« l'arbre femelle, en s'appuyànt sur une
« anse de corde passée autour de ses reins
« et qui embrasse à la fois son corps et le
« tronc de l'arbre. Il se glisse ensuite avec
« une adresse extrême entre les pétioles des
« feuilles dont les aiguillons forts et acérés
« rendent cette opération assez dangereuse,
« et, après avoir fendu avec un couteau la
« spathe, il y insinue l'un des fragments
« qu'il entrelace avec les rameaux de la
« grappe femelle dont la fécondation est
« ainsi assurée. »

Un procédé beaucoup moins efficace à
été imaginé dans ces dernières années par
M. Hooibrenk, pour la fécondation artificielle des céréales et des arbres fruitiers.
Cet expérimentateur faisait promener sur

les champs de céréales, au moment de la floraison, une corde longue de 25 à 30 mètres, d'où pendait une frange de laine légèrement enduite de miel. Il se servait pour les arbres fruitiers d'une houppe en laine également frottée de miel, et prétendait empêcher ainsi la coulure et amener une répartition plus régulière du pollen. Ce procédé, prôné par quelques littérateurs, mais repoussé par les hommes spéciaux, fut soumis à des expériences officielles et aboutit à un insuccès complet. Si l'inventeur avait observé la nature au lieu de ne consulter que son imagination, il aurait reconnu que dans le Blé la fécondation s'opère à huis clos, et que chez nos arbres fruitiers le nombre et la position des étamines rendent inutile et même nuisible l'intervention brutale de pareils moyens.

Nous avons vu comment, dans un grand nombre de cas, la fleur est protégée contre la pluie et contre l'humidité de l'air. Chez les plantes aquatiques ou chez celles qu'une crue d'eau submerge, les mêmes moyens seraient évidemment insuffisants ; aussi

sont-ils remplacés par d'autres plus spéciaux et plus efficaces. Une petite plante
de nos Landes, l'Illécèbre verticillé, est
souvent noyée par les flaques d'eau que la
pluie forme sur divers points ou par la crue
des étangs et des rivières. Si vous l'exami-
nez alors avec attention, vous la verrez
bordée d'une mince frange d'argent, si-
nueuse et brillante, qu'on n'y remarque
jamais quand la plante fleurit hors de l'eau.
Vous reconnaîtrez facilement que cette
frange est produite par de petites bulles
d'air que dégagent les nombreuses fleurs
de l'Illécèbre, et qui forment à chacune de
ces fleurs une sorte d'atmosphère confinée
où la fécondation peut s'effectuer libre-
ment.

On voit le même fait se produire chez
des plantes fort diverses, telles que des
Fluteaux et des Renoncules aquatiques.

Ces dernières plantes végètent dans l'eau,
ainsi que les Potamots et les Nénuphars.
Vous connaissez au moins ceux-ci, dont les
admirables fleurs blanches ou jaunes et les
larges feuilles arrondies et flottantes sont

la principale grâce de nos étangs. Ici, la floraison se fait constamment à la surface de l'eau, dont le niveau est toujours atteint par les fleurs. Il en résulte que le support ou pédoncule de celles-ci acquiert parfois une longueur de cinq ou six mètres dans les eaux profondes, tandis que je l'ai vu ne pas dépasser quelques centimètres dans un terrain fangeux, mais exondé.

On trouve dans l'Isle, à quelque distance de Libourne, une plante assez commune dans le centre de la France et qui porte le nom de Mâcre ou Cornuelle. On l'appelle aussi Châtaigne d'eau à cause de son fruit féculent et armé d'épines. Sa tige est longue et mince; ses feuilles inférieures, submergées, sont très-grêles et très-menues, et se divisent en fines lanières qui ont la ténuité d'un cheveu; les supérieures larges, triangulaires et flottantes sont portées par de longs supports renflés dans leur milieu en forme de petites vessies pleines d'air. La plante germe d'abord au fond de l'eau et s'y développe; mais, à mesure que se forment sur les supports des feuilles ces vessies natatoires dont je viens de vous parler, l'ensemble de l'appareil tend à devenir plus léger que l'eau. Enfin, vers l'époque de la floraison, la Mâcre, faiblement enracinée dans la vase, se détache peu à peu du fond et vient fleurir à la surface.

Ceux d'entre vous qui sont doués d'un esprit observateur ont pu remarquer dans les mares et les eaux tranquilles une assez petite plante dont les fleurs jaunes, en forme de gueule, élèvent leur courte grappe à quelques centimètres au-dessus de l'eau. Leurs menus rameaux et leurs feuilles, divisés en fins et nombreux segments, sont chargés d'une infinité de petites vésicules ovoïdes de la grosseur d'une tête d'épingle. Ces plantes sont des Utriculaires. Elles abondent dans les fossés qui avoisinent Bordeaux, et leur appareil de flottaison est assez remarquable pour que je le décrive avec quelque détail.

Les petites vésicules membraneuses ou *ascidies* qui naissent en si grand nombre sur les feuilles, ou plutôt sur les ramules, sont percées à leur extrémité libre d'une

étroite ouverture, que bordent quelques fi-
laments rameux et que ferme une lame
transversale en forme de soupape. Celle-ci
est disposée de façon à ne pouvoir s'ouvrir
que de dehors en dedans et à se fermer au
contraire, sous l'effort d'une pression inté-
rieure. La cavité des ascidies est d'abord
pleine d'un liquide gélatineux dont le poids
supérieur à celui du milieu ambiant, maintient la plante au fond de l'eau. Aux approches de la floraison, certains poils spéciaux,
qui tapissent en grand nombre la paroi
interne de la vésicule, sécrètent un gaz qui
s'y accumule et prend la place du liquide,
qui est résorbé. Ce gaz est maintenu pri-
sonnier par la structure particulière de la
soupape, contre laquelle il presse vainement pour s'échapper; et, comme il est
beaucoup moins pesant que l'eau, il donne
à la plante une grande légèreté. Celle-ci se
dégage de la vase et monte lentement à la
surface de l'eau, pour y développer ses
fleurs. Lors de la maturation du fruit, l'air
disparaît de l'intérieur des ascidies, la soupape y laisse entrer l'eau ambiante, et la

plante, lentement submergée, finit par atteindre le fond, où elle séjourne pendant tout l'hiver. Cette submersion est également déterminée par la formation de bourgeons très-compactes, dont les petites feuilles pressées, sont à peu près dépourvues d'ascidies et offrent, en revanche, une assez grande accumulation de fécule.

Je vous ai parlé jusqu'ici de plantes qui peuvent vous être inconnues : je vais vous entretenir d'un végétal que vous avez certainement tous remarqué, bien qu'il soit d'une taille singulièrement exigüe. La surface des eaux stagnantes est souvent recouverte en partie ou en totalité d'un tapis d'un beau vert clair qui la fait ressembler de loin à une prairie. Cette couche verdoyante, d'ailleurs fort mince et dans laquelle la chute d'une feuille ou d'un menu rameau détermine immédiatement une trouée, est composée de Lentilles d'eau ou Lenticules. Ce sont de petits végétaux d'une simplicité de structure extrême, qui ont la forme et la dimension d'une lentille et qui vivent toujours réunis en nombreuses tribus. Leurs frondes (c'est ainsi qu'on appelle la petite masse verte à la fois tige et feuille qui les constitue) passent sous l'eau la première partie de leur vie. Au printemps, elles viennent fleurir à la surface, et elles continuent à y végéter jusqu'au moment de leur destruction, qui a lieu aux approches de l'hiver. Voici comment on explique ce fait. Les jeunes frondes, qui naissent à l'automne, formées d'un tissu compacte, descendent au fond de l'eau après la destruction de la plante-mère et y passent la froide saison ; mais elles ne tardent pas à devenir plus légères par le développement de leur tissu sous l'influence d'une température plus douce, et, dès le mois de mars, on les voit remonter en foule à la surface de l'eau.

Cette explication est tout à fait insuffisante en ce qui concerne la Lenticule à trois lobes, qui se comporte autrement que ses congénères, auxquelles elle ressemble si peu. Cette espèce ne monte que lentement et par degrés au-dessus de l'eau, et ne s'y maintient que pendant la courte période de la floraison.

Elle s'enfonce ensuite avec une lenteur extrême, reste longtemps suspendue à diverses hauteurs, et regagne enfin le fond, demeurant ainsi submergée pendant la plus grande partie de sa vie. J'ai observé, il y a quelques années, le mécanisme de cette évolution. Comme je n'ai fait de cette menue trouvaille l'objet d'aucune communication, elle pourra vous offrir l'intérêt d'un fait inédit.

Si l'on examine au microscope une des frondes au moment où elle repose sur la vase, on y voit dispersées dans la masse du tissu, un grand nombre de cellules plus développées que celles qui les entourent, et dont la cavité est remplie par un faisceau de fines aiguilles qui sont des cristaux. Les botanistes nomment *raphides* ces petites aiguilles cristallisées. Elles abondent dans une famille voisine de notre plante, les Aroïdées, mais elles manquent absolument dans les autres Lenticules. Si l'on soumet au même examen les frondes qui atteignent en avril la surface de l'eau, on voit avec étonnement que ces raphides ont complètement disparu. Or, ces cristaux sont constitués par une substance plus lourde que l'eau, l'oxalate de chaux : tant qu'ils existent, ils maintiennent les frondes submergées; mais lorsqu'ils sont résorbés, la Lenticule devenue plus légère flotte en toute liberté. Comme cette résorption ne se fait que peu à peu, d'une façon presque insensible et peut-être avec intermittences, les frondes ne s'élèvent qu'avec une extrême lenteur et demeurent longtemps suspendues à des hauteurs diverses. Après l'époque de la floraison, il se reforme graduellement de nouveaux raphides, et la plante reprend en sens inverse sa lente et insensible progression.

M. Durieu de Maisonneuve a retrouvé dans nos environs une plante fort intéressante, que Dunal y avait indiquée, l'Aldrovande vésiculeuse. On la voit dès le mois de juin flotter à la surface des lagunes qui communiquent à l'étang de Lacanau. Ses feuilles étroites et minces, en forme de coin, que terminent quatre longues soies et une vésicule assez grande, sont disposées en cercles nombreux, étagés autour d'une tige fort grêle, très-flexible et longue seulement de quelques décimètres. Tout cet ensemble est d'une grande délicatesse de tissu et d'une transparence presque parfaite.

L'Aldrovande apparaît subitement à la surface de l'eau au commencement de l'été. Dès que la fécondation est accomplie, elle recourbe le support de ses fleurs et s'enfonce peu à peu sous l'eau par la destruction de ses anciennes feuilles et le peu de développement des vésicules dans les nouvelles. Dans l'arrière-saison, il se forme comme chez les Utriculaires des bourgeons terminaux assez volumineux, à feuilles étroitement imbriquées et gorgées de fécule, dont le poids entraîne et, maintient la plante au fond de l'eau. Si on examine les jeunes pieds qui naissent au printemps de ces bourgeons hibernaux, on voit qu'ils sont fixés au sol par les restes persistants du bourgeon, qui prennent pour adhérer à la vase la forme d'un pavillon de trompe ou de clarinette très-ouvert dont l'ouverture repose sur le limon. Lorsque la plante doit monter à la surface de l'eau pour y fleurir, une rupture se fait au point où elle s'attache à l'appareil fixateur. Celui-ci ne l'accompagne pas dans son ascension, mais il reste au fond de l'eau, où il achève de se décomposer. L'observation de ces derniers faits est due à M. Durieu de Maisonneuve.

Je ne puis terminer cet examen des plantes submergées sans décrire les mœurs de la plus célèbre d'entre elles, de la fameuse Vallisnérie, que les poètes et les naturalistes ont chantée sur tous les tons, en prose et en vers. Cette plante croît dans le Rhône, dans l'Hérault, et surtout dans le canal du Midi, qu'elle encombre de ses longues feuilles rubanées. Elle est dioïque, c'est-à-dire qu'on n'y rencontre jamais les deux sexes sur un même individu. Ses pieds femelles ont des fleurs solitaires portées par un très-long pédoncule qui a la ténuité d'un fil. Les pieds mâles offrent des fleurs très-petites et très-nombreuses, groupées à l'extrémité d'un court support, et enveloppées par une spathe hermétiquement-close, qui renferme de l'air confiné. Il y a aussi de l'air dans le calice étroitement fermé de chacune des petites fleurs qu'enveloppe la spathe. Lorsque les fleurs femelles ont atteint la surface de l'eau, par le développement graduel de leur pédoncule, elles s'y couchent et y flottent dans le sens du courant. En même temps, la spathe des pieds mâles s'entr'ouvre ; les petites fleurs se détachent et sont mises en liberté ; elles montent en foule jusqu'à la surface, grâce à l'air qu'elles emprisonnent et qui fait de chacune d'elles un petit ballon. Elles s'ouvrent alors et les anthères répandent leur pollen, qui, protégé par la matière visqueuse dont il est recouvert, résiste à l'action de l'eau assez longtemps pour féconder les fleurs femelles. Après la fécondation, le pédoncule de celles-ci s'enroule lentement en spirale et ramène la fleur au fond de l'eau, où s'accomplit la maturation du fruit.

Les fleurs qui n'ont pas été fécondées se comportent absolument de même, bien qu'elles n'aient rien à mûrir. A la même époque, et de la même façon, elles enroulent, avec la même régularité, leur spirale également serrée. J'en suis bien fâché pour les esprits ingénieux, qui veulent tirer trop de conséquences des phénomènes naturels.

Mais, comment s'opère la fécondation chez les plantes dioïques dont les individus des deux sexes sont séparés par de larges espaces dans les profondeurs de l'océan ? Comment leur pollen arrive-t-il à l'organe femelle submergé, malgré la distance et à travers des masses d'eau considérables ? Ce sont là les *desiderata* de la science. Je pourrais indiquer quelques rapprochements, émettre des hypothèses plus ou moins plausibles ; mais je préfère reconnaître que c'est encore un mystère à beaucoup d'égards.

IV. — La Parthénogenèse.

Camérarius, au xviie siècle, avait vu avec étonnement des pieds femelles de Chanvre, produire quelques fruits en l'absence de tout pied mâle. Au xviiie siècle, Spallanzani multiplia les expériences à ce égard. Il crut voir le Chanvre et l'Épinard donner des graines fertiles sans avoir été fécondés. Pressé d'objections, et voulant se mettre à l'abri de toute chance d'erreur, il éleva en serre chaude, pendant l'hiver, des pieds de Melon d'eau, dont il avait soigneusement enlevé les fleurs mâles, et qui lui donnèrent néanmoins des graines capables de germer. En revanche, de nombreux observateurs tentèrent vainement alors et depuis d'arriver au même résultat, et ils ne purent obtenir de graines, toutes les fois qu'ils empêchèrent le pollen d'arriver sur le stigmate.

Cependant plusieurs botanistes renouvelèrent avec succès les expériences de Spallanzani. En 1820, M. Lecoq expérimenta sur une plante monoïque, la Courge, et sur plusieurs plantes dioïques : l'Épinard, le Chanvre, la Mercuriale et la Lychnide des bois, dont il isola des pieds femelles. Malgré les précautions sévères qu'il prit pour maintenir une séquestration complète, il obtint des graines fertiles de toutes ces plantes, à l'exception de la Lychnide et de la Courge.

Beaucoup plus récemment M. Naudin étudia à ce point de vue le Chanvre, la

Mercuriale et la Bryone, et conclut égalent en faveur de la parthénogenèse, c'est-à-dire à la possibilité d'une formation embryonnaire normale sans fécondation préalable.

Cette doctrine, était alors admise par un grand nombre de botanistes. Dans les expériences précitées et dans quelques autres, on avait tenu les pieds femelles constamment séparés des individus mâles de la même espèce; on s'était prémuni contre les influences extérieures telles que le vent et les insectes : il semblait naturel de nier dans tous ces cas l'intervention du pollen et d'admettre la fécondité sans imprégnation.

Ce qui trompait les observateurs, c'est qu'il n'existe pas de plante dioïque qui ne puisse offrir exceptionnellement les deux sexes sur un même pied. Le Chanvre femelle montre parfois quelques fleurs mâles; l'Épinard est presque autant polygame que dioïque; le mélange des deux sexes est plus fréquent encore dans la Mercuriale où tous les botanistes ont pu l'observer, et j'ai vu deux fois la Lychnide dioïque pourvue de fleurs hermaphrodites, mêlées aux fleurs unisexuées. J'ai rencontré également à plusieurs reprises des chatons mâles sur le Saule-pleureur, dont il n'existe, en Europe, que des individus femelles.

Vous voyez que ce fait explique tout, puisqu'il enlève à l'isolement l'importance qu'on lui attribuait, et qu'il montre que, dans certains cas, la plante femelle peut se féconder elle-même.

J'ai pu observer à cet égard, un cas tout à fait exceptionnel. En 1863, à l'entrée d'un village des Landes et parmi des décombres, j'ai vu une dizaine de pieds de Chanvre couverts d'une grande abondance de fleurs mâles, sans mélange de fleurs femelles, à ce qu'il semblait. Quelques semaines plus tard je repassai au même lieu, et ma surprise fut extrême de trouver les mêmes pieds littéralement chargés d'une multitude de fleurs femelles en train de mûrir leur fruit. Quant aux fleurs mâles, plus précoces, elles avaient complétement disparu.

Il existe une plante qui a été longtemps

l'arche sainte de la parthénogenèse : je veux parler du *Cœlebogyne ilicifolia*, petit arbrisseau dioïque de la Nouvelle-Hollande, qui appartient à la famille des Euphorbiacées. Un pied femelle, transporté en Angleterre en 1829, y donna constamment des fruits à quelques milliers de lieues des individus mâles de son espèce. Vainemen savants anglais cherchèrent à y surprendre quelque fleur mâle surnuméraire, vainement plusieurs des botanistes de l'Allemagne firent le voyage d'Angleterre pour observer ce pied unique, ou étudièrent à Berlin des individus issus de lui ; il demeura constaté que cette plante, en l'absence de toute fleur mâle, produisait des fruits mûrs et des graines fertiles. On remarqua même, circonstance piquante, que sa graine est du petit nombre de celles qui offrent plusieurs embryons. Aussi, en 1856, après la communication que fit au congrès des naturalistes allemands, le célèbre professeur Alexandre Braun, put-on regarder la cause de la parthénogenèse comme définitivement gagnée.

menus faits, à la vérité mal établis, vinrent donner à réfléchir. On avait cru voir, dans l'une des fleurs examinées, les rudiments confus d'une étamine ; on avait distingué un grain de pollen sur le stigmate d'une autre fleur ; on avait même observé un tube pollinique en contact avec le sac embryonnaire. Enfin, en 1860, un botaniste allemand, M. Karsten, fit voir avec la dernière évidence qu'un cinquième au moins des fleurs de cette plante, sont hermaphrodites. Ce fut le coup de grâce. Nul ne s'avisa de réclamer. Le *Cœlebogyne* fut dès lors aussi oublié qu'il avait été célèbre, et il semble avoir entraîné dans sa chute la théorie qu'il devait faire triompher.

V. — Les Féoondations indireotes.

Je vous ai montré jusqu'ici les fleurs comme se fécondant elles-mêmes, dans le cas où elles sont hermaphrodites ; et vous avez pu croire que chez les plantes monoïques la fécondation s'effectue régulièrement entre les mâles et les femelles d'un même pied. Il s'en faut cependant qu'il en soit toujours ainsi. On admet généralement aujourd'hui que la nature tend constamment à la diœcie ou tout au moins à la fécondation dioïque, et qu'un pistil fécondé par son propre pollen n'est pas la règle, mais l'exception.

« J'ai recueilli, dit M. Darwin, un grand
« nombre de faits, d'accord avec l'opinion
« presque universelle des éleveurs, que par-
« mi les animaux et les plantes un croise-
« ment entre des variétés différentes ou entre
« des individus de même variété, mais d'une
« autre lignée, rend la postérité qui en naît
« plus vigoureuse et plus féconde ; et que,
« d'autre part, les reproductions entre pro-
« ches parents diminuent d'autant cette fé-
« condité et cette vigueur. C'est, je crois, une
« loi de nature, que nul être organisé ne
« peut se féconder lui-même pendant un
« nombre infini de générations. » ·

La nécessité d'une fécondation indirecte chez les végétaux dioïques ne saurait être mise en doute, puisque les fleurs mâles et les fleurs femelles se développent sur des

pieds différents; mais ce mode de fécondation, pour n'être pas partout aussi manifeste,
n'en existe pas moins chez la plupart des
espèces végétales.

M. Lecoq a présenté à ce sujet des observations d'un grand intérêt. Il a fait voir que
certaines plantes hermaphrodites ne donnent
pas de graines tant qu'on ne les féconde pas
artificiellement par du pollen étranger, et il
croit que si on pouvait supprimer le vent et
les insectes, on verrait se produire un bien
plus grand nombre de ces unions infertiles
pour cause de parenté. Je citerai d'après
lui quelques faits qui sont instructifs à cet
égard.

Un arbre isolé n'est jamais aussi fertile
qu'un groupe d'arbres de même espèce, et
ceux qui portent le plus de fruits sont toujours placés sous le vent de leurs voisins.
On a reconnu également que la présence de
ruches dans un verger augmente la fécondité
des arbres fruitiers, parce que les Abeilles,
en transportant le pollen d'une fleur sur une
autre, favorisent la fécondation indirecte.

Dans un grand nombre d'épis, chaque fleur

est fécondée par une autre fleur placée au-dessus d'elle, soit parce que les étamines au lieu d'être dressées dans le sens de leur propre stigmate pendent longuement sur une fleur inférieure, soit parce que le stigmate de chaque fleur, moins précoce que les étamines, n'est apte à la fécondation qu'après la flétrissure de celles-ci.

Les Pins, les Sapins, les Châtaigniers, les Noyers, et beaucoup d'autres plantes monoïques portent leurs fleurs femelles à l'extrémité des rameaux, tandis que les mâles sont insérées plus bas; il en résulte que, dans la plupart des cas, les pistils sont fécondés par les étamines des branches supérieures et non par celles de leur propre rameau. On ne peut s'empêcher de voir dans ce fait une tendance à la fécondation dioïque.

Cette tendance est manifeste dans le Noisetier. Ici, les fleurs femelles sont dominées par les fleurs mâles, et rien ne s'oppose à une fécondation entre inflorescences voisines; mais il arrive presque toujours que les chatons mâles sont tombés lorsque les styles se dégagent du bourgeon qui les renferme.

Dans ce cas, la fécondation est forcément dioïque : il faut absolument que le pollen d'un autre individu soit porté sur ces pistils retardataires pour les féconder.

Il en est de même des Joubarbes, des Saxifrages et de certains Géraniums, qui n'ont plus de pollen quand leur pistil est propre à le recevoir; au contraire, dans la Crête-de-coq, le stignate se flétrit avant que les étamines aient ouvert leurs anthères.

La Primevère, la Pulmonaire, le Lin présentent des fleurs de deux sortes. Dans une de ces formes, le style est inclus dans le tube de la corolle et les étamines se montrent à l'orifice; dans l'autre, le contraire a lieu, des étamines très-courtes accompagnent un style saillant. On a reconnu récemment que ces deux formes ne sont fertiles qu'à la condition de se féconder mutuellement. Les expériences nombreuses qui ont été faites ne laissent aucun doute à cet égard. « Les « deux formes de Primevères, dit M. Darwin, « quoique présentant chacune les deux « sexes, sont en fait dioïques. Nous voyons « par là comment la nature s'efforce, si je

« puis m'exprimer ainsi, à favoriser l'union
« sexuelle d'individus distincts de la même
« espèce.

Vous remarquerez le rôle important que
jouent les insectes dans la fécondation indirecte. On peut dire qu'ils en sont le prin-
cipal agent. Je citerai un seul exemple.
M. Darwin ayant isolé au moyen d'une
gaze divers pieds de Primevères, pour les
mettre à l'abri des insectes, constata sur
presque tous une complète stérilité.

VI. — L'Hybridité.

On appelle hybrides les produits du croi-
sement de deux espèces différentes, et métis
ceux de deux variétés distinctes.

Les hybrides et les métis existent assez
fréquemment à l'état spontané; mais les
faits les plus curieux à cet égard sont dus à
l'intervention de l'homme : ils sont en même
temps les plus instructifs, parce que nous
connaissons mieux les conditions dans les-
quelles ils se produisent.

On pratique l'hybridation en transportant sur une plante le pollen d'une autre espèce. A cet effet on enlève de bonne heure et avant leur maturité toutes les étamines de la plante qui doit être fécondée et l'on touche tous les stigmates de cette plante avec du pollen étranger. La simultanéité de floraison des deux espèces n'est pas absolument nécessaire, parce que le pollen peut être conservé intact assez longtemps, si on le soustrait à l'action de l'air et de l'humidité.

Les hybrides se distinguent de leurs parents par une rusticité plus grande, par leur floraison plus hâtive et par l'éclat et le développement exceptionnels de leurs fleurs. Comme ils se montrent généralement intermédiaires entre les deux types qui les produisent, ils sont une source presque infinie de variations où les couleurs et les formes se mêlent de la façon la plus inattendue. Ces qualités les rendent précieux pour l'horticulture, et expliquent le soin qu'on apporte à les multiplier.

Pour que deux plantes puissent être fécondées l'une par l'autre, il faut qu'il y ait

entre elles des affinités assez grandes. Il en
est de l'hybridation comme de la greffe :
autant elle est facile et pour ainsi dire assurée entre variétés d'une même espèce,
autant elle se montre incertaine et peu
praticable entre genres différents. Elle est
tout à fait impossible entre deux plantes
de familles distinctes. Quant il s'agit d'espèces d'un même genre, on remarque parfois les contradictions les plus bizarres :
des types très-voisins et à peine distincts re-
fusent de s'hybrider, tandis que d'autres que
séparent de nombreux caractères extérieurs
se croisent très-facilement ; ou bien une espèce en féconde une autre et ne peut être fécondée par elle. La cause de ces faits tient
évidemment à certains détails d'organisation
intime que nous ne savons pas apercevoir.

On a cru longtemps à la stérilité presque
absolue des hybrides ; mais les travaux de
MM. Lecoq et Naudin ont modifié les
idées à cet égard. Dans des expériences
récentes, faites au jardin des Plantes de
Paris et qui sont demeurées célèbres, M.
Naudin a constaté que les hybrides produi-

sent trois fois sur quatre des graines fertiles ; il a montré également que la fécondité
de ces plantes n'est pas dans un rapport
absolument nécessaire avec le degré d'af-
finité de leurs parents, et que leur stérilité
est ordinairement déterminée par l'imper-
fection du pollen ; enfin ses recherches l'ont
amené à considérer comme une loi générale
la tendance marquée des hybrides à revenir
d'eux-mêmes à l'une des formes productri-
ces. On a voulu en conclure qu'aucune forme
hybride ne saurait se maintenir ni consti-
tuer une espèce nouvelle, et que le retour à
l'un des types primitifs ne comporte jamais
d'exception. C'est là une conclusion très-
grave et selon moi prématurée. Sans doute,
les faits se passent presque toujours comme
l'indique M. Naudin ; mais la négation
absolue du résultat contraire n'est pas suffisamment légitimée. Nul n'est en droit d'af-
firmer qu'une forme hybride ne peut s'isoler
et devenir permanente : toutes les preuves
obtenues à cet égard sont purement négati-
ves, et, partant, laissent une place plus ou
moins large à l'exception.

Je vous dirai tout à l'heure quelle est la signification de ce débat et quelles conséquences il renferme sous une apparence purement scientifique ; mais je veux d'abord vous faire connaître l'un des faits qui semblent présenter la création d'espèces nouvelles comme un résultat *possible* de l'hybridation.

Une graminée voisine du blé, l'*Ægilops triticoïdes*, trouvée d'abord à Avignon, puis sur tout le littoral méditerranéen, a été longtemps décrite comme une espèce légitime. On sait aujourd'hui qu'elle résulte de l'hybridation de l'*Ægilops ovata*, par le Blé. Cette plante, habituellement stérile, donne parfois quelques bonnes graines. L'une de celles-ci, semée par M. Fabre, n'a pas reproduit la plante, mais bien une forme nouvelle, l'*Ægilops speltæformis*, qui s'est montrée indéfiniment féconde. On en compte aujourd'hui 25 ou 26 générations, qui maintiennent leurs caractères spécifiques avec une grande fixité. M. Godron a obtenu l'*Ægilops triticoïdes* en fécondant l'*Ægilops ovata* par le Froment; cet hybride, fécondé à son tour par le pollen du Froment, a reproduit plusieurs fois l'*Ægilops speltæformis*. Celui-ci a donné peu de graines la première année, ainsi que chez M. Fabre; mais depuis et graduellement il est devenu très-fertile, et il se comporte exactement comme une espèce légitime.

Deux objections seulement ont été élevées contre l'autonomie de l'*Ægilops speltæformis*. On a nié sa qualité d'hybride; mais M. Godron, en reproduisant la plante par fécondation croisée, a répondu suffisamment à cette objection. La seconde difficulté a été formulée par M. Godron lui-même. Ce savant fait observer qu'en cultivant cette plante, on la soustrait à l'action du pollen de ses ascendants, or c'est surtout l'action de ce pollen qui, suivant M. Godron, détermine chez les hybrides le retour au type. De plus l'expérimentateur, pour semer la plante, enfonce les épis dans le sol; mais à l'état sauvage ils ne pourraient germer, parce que dans cette espèce ils sont maintenus loin du contact du sol par leurs barbes écartées, et que les graines ne sortent jamais de leur enveloppe pour tomber sur la terre.

A cela on répond que l'état de nature peut amener dans certains cas un isolement assez prolongé pour que l'hybride affermisse son individualité; que de telles plantes, d'abord presque stériles, voient s'accroître chaque année leur fertilité et, partant, leur autonomie ; qu'il y a donc un moment où leur propre pollen doit avoir plus d'action sur elles-mêmes que tout pollen étranger, fût-ce celui des parents, et qu'au cas où une cause quelconque maintiendrait quelques individus isolés pendant un certain nombre de générations, le pollen de leurs ascendants perdrait ainsi à leur égard l'influence qu'on lui attribue. Quant au mode de dissémination, en admettant qu'il soit un obstacle invincible dans la plante dont il s'agit, ce qui est loin d'être prouvé, on n'en peut rien conclure en dehors de ce cas particulier.

En somme, la question est pendante, et de part et d'autre rien n'est encore acquis. On n'a pas montré d'espèce légitime et *rustique* provenant d'hybridation ; on n'a pas prouvé davantage l'impossibilité de leur existence. L'avenir résoudra cette question, parce qu'elle est de celles que l'expérience peut atteindre ; et, du même coup, il en résoudra plusieurs, qui seront abordées aussi par d'autres côtés. Celles-ci ne sont pas seulement scientifiques, elles tiennent aussi à l'ordre moral et se lient étroitement au problème de nos destinées. De cet ensemble de notions nouvelles résultera une nouvelle conception du monde, et, par suite, notre idée de la *cause* se trouvera modifiée. Or, la philosophie de l'histoire nous apprend qu'à chaque révolution de ce genre correspond une évolution identique dans l'ordre social tout entier. L'histoire de l'humanité n'est que l'histoire des façons diverses dont elle a envisagé cette grande idée de cause, qui domine les événements et les civilisations. C'est pourquoi rien de ce qui touche de loin ou de près à ce redoutable problème ne saurait nous être indifférent.

Je termine ici cette leçon beaucoup trop longue. J'ai bien mal dit ce que je voulais dire, et je crains de n'avoir pas su faire passer en vous le goût de la science et de ses merveilles. Cependant si cet entretien reste dépourvu du charme et de l'intérêt par où se distinguaient les précédents, laissez-moi croire du moins qu'il vous a appris.quelque chose. C'est là, à vrai dire, la fin de toute conférence, qu'elle soit un brillant discours ou une humble leçon. La destruction de l'ignorance est, en effet, le but universellement poursuivi. De toutes parts les volontaires se lèvent pour cette croisade contre l'ennemi commun. Le réveil universel, à peine commencé, est devenu une agitation générale, la véritable ligue du bien public. Il est impossible d'en suivre le progrès sans une émotion profonde. Pour moi, j'ai salué depuis longtemps avec bonheur l'apparition de ces livres populaires de sciences et d'histoire naturelle qui sont le grand bienfait de ces dernières années. Ils remplacent chaque jour en plus grand nombre les productions inutiles ou malsaines, et préparent d'une façon meilleure l'esprit de la nouvelle génération. C'est là un fait considérable, dont la création de conférences, venue plus tard, était l'indispensable complément. Maintenant, combattue à la fois dans toutes les directions par le livre et par la parole, l'ignórance, qui est la source unique du mal, recule rapidement ses limites. Nous pouvons déjà entrevoir le jour où la science et la vérité seront le patrimoine commun et non plus seulement l'apanage du petit nombre.

FIN

Coulommiers. — Typographie de A. MOUSSIN.